essentials

Essentials liefern aktuelles Wissen in konzentrierter Form. Die Essenz dessen, worauf es als „State-of-the-Art" in der gegenwärtigen Fachdiskussion oder in der Praxis ankommt. Essentials informieren schnell, unkompliziert und verständlich.

- als Einführung in ein aktuelles Thema aus Ihrem Fachgebiet
- als Einstieg in ein für Sie noch unbekanntes Themenfeld
- als Einblick, um zum Thema mitreden zu können.

Die Bücher in elektronischer und gedruckter Form bringen das Expertenwissen von Springer-Fachautoren kompakt zur Darstellung. Sie sind besonders für die Nutzung als eBook auf Tablet-PCs, eBook-Reader und Smartphones geeignet.

Essentials: Wissensbausteine aus Wirtschaft und Gesellschaft, Medizin, Psychologie und Gesundheitsberufen, Technik und Naturwissenschaften. Von renommierten Autoren der Verlagsmarken Springer Gabler, Springer VS, Springer Medizin, Springer Spektrum, Springer Vieweg und Springer Psychologie.

Wolfgang Osterhage

Die Energiewende: Potenziale bei der Energiegewinnung

Eine allgemeinverständliche Einführung

Dr. Wolfgang Osterhage
Frankfurt a. M.
Deutschland

ISSN 2197-6708   ISSN 2197-6716 (electronic)
essentials
ISBN 978-3-658-10244-9   ISBN 978-3-658-10245-6 (eBook)
DOI 10.1007/978-3-658-10245-6

Die Deutsche Nationalbibliothek verzeichnet diese Publikation in der Deutschen Nationalbibliografie; detaillierte bibliografische Daten sind im Internet über http://dnb.d-nb.de abrufbar.

Springer Spektrum
© Springer Fachmedien Wiesbaden 2015

Gedruckt auf säurefreiem und chlorfrei gebleichtem Papier

Springer Fachmedien Wiesbaden ist Teil der Fachverlagsgruppe Springer Science+Business Media
(www.springer.com)

Was Sie in diesem Essential finden können

- Grundprinzipien unterschiedlicher energetischer Umwandlungsprozesse
- Der Einsatz vorhandener Energieträger zur Erzeugung von Strom und Wärme
- Eine Zusammenfassung der Prozesse, die in der Energiewendediskussion eine wichtige Rolle spielen

Vorwort

Das vorliegende Essential ist das dritte in einer Reihe von dreien zur Energiewende bzw. zu den Methoden der Energieumwandlung. Die vorausgegangenen unter den Titeln „Energie ist nicht erneuerbar" und „Ursprünge aller Energiequellen" setzten sich mit Energiebilanzen und den wichtigsten physikalischen Grundlagen sowie die Zurückführung aller Energiepotenziale auf atom- und kernphysikalische Prozesse auseinander. Dieser Beitrag nun fasst die heute bekannten gängigen Energieumwandlungstechnologien als ein komprimiertes Kompendium zusammen. Nacheinander werden behandelt: die klassischen Dampfkraftanlagen, die Kernenergie, Solarenergie, Windkraft, Biomasse und Biogas, Erdwärme und Wasserkraft. Schließlich erfolgt ein Ausblick auf Fusion und Brennstoffzelle. Die physikalischen Grundlagen finden sich auch bei Osterhage, „Studium Generale Physik", Springer, Heidelberg, 2013.

Wolfgang Osterhage

Inhaltsverzeichnis

Einleitung 1

Um zu illustrieren, wie schnelllebig die Welt energiepolitischer Konzepte ist, zitiere ich aus einem Lehrbuch von 1966 (Baehr; s. Literatur):

„Es ist Aufgabe der Energietechnik, die zur Durchführung technischer Verfahren benötigte Exergie als mechanische Nutzarbeit oder als elektrische Energie bereitzustellen. Diese Exergie stammt aus den auf der Erde vorhandenen Exergiequellen; diese sind vor allem die fossilen und nuklearen Brennstoffe, deren chemische Bindungsenergie bzw. deren nukleare Energie in mechanische und elektrische Energie umzuwandeln ist. Weitere Exergiequellen sind die Wasserkräfte, deren potentielle Energie ausgenutzt wird, und die kinetische Energie des Windes sowie die der Erde zu gestrahlte Sonnenenergie.

Die Abb. 1.1 gibt einen Überblick über die heute bekannten Verfahren zur Umwandlung chemischer und nuklearer Energie in elektrische Energie. Wie wir wissen, besteht die chemische Energie der Brennstoffe weitgehend aus Exergie; durch reversible Prozesse könnte sie also fast vollständig in elektrische Energie verwandelt werden. Es ist bisher noch nicht gelungen, den Exergieanteil der bei Kernprozessen frei werdenden nuklearen Energie zu berechnen. Es wird jedoch vermutet, dass auch nukleare Energie weitgehend aus Exergie besteht. Daraus ergibt sich die Forderung, die Umwandlungsprozesse, die von der chemischen und nuklearen Energie zur elektrischen Energie führen, möglichst reversibel zu führen, um den hohen Exergiegehalt der Ausgangsenergien zu erhalten. Dabei werden von vornherein jene Verfahren im Vorteil sein, die möglichst direkt verlaufen, also Zwischenstufen von Energieumwandlungen und Energieübertragungen vermeiden, bei denen aus technischen und wirtschaftlichen Gründen unvermeidbare Exergie-Verluste auftreten.

Die direkte Umwandlung von chemischer in elektrische Energie ist mit Hilfe von Brennstoffzellen möglich, in denen die Oxydation des Brennstoffs weitgehend

© Springer Fachmedien Wiesbaden 2015
W. Osterhage, *Die Energiewende: Potenziale bei der Energiegewinnung,*
essentials, DOI 10.1007/978-3-658-10245-6_1

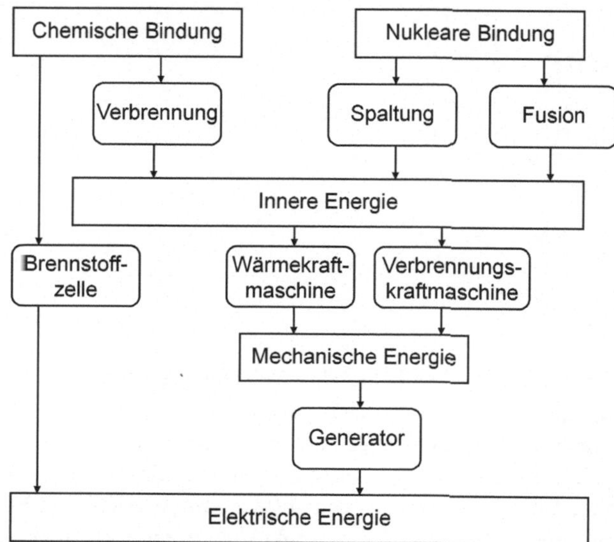

Abb. 1.1 Umwandlungsverfahren

reversibel verlaufen kann („kalte Verbrennung"). Diese Möglichkeit hatte schon 1894 Wilhelm Ostwald erkannt und theoretisch untersucht. Seitdem wurde an der Verwirklichung dieser thermodynamisch günstigen Energieumwandlung intensiv gearbeitet. Heute existieren Brennstoffzellen kleiner Leistung (unter 1 kW), die für besondere Zwecke, z. B. in der Raumfahrttechnik, Anwendung finden können. Es ist jedoch bisher nicht möglich, diese direkte Energieumwandlung in größerem Maße auf wirtschaftlich vertretbare Weise auszuführen.

Die chemische Energie wird daher heute und in der Zukunft vornehmlich in Verbrennungsprozessen frei gemacht und in innere Energie der dabei entstehenden Verbrennungsgase umgewandelt. Die Verbrennung ist ein irreversibler Prozess mit hohen Exergieverlusten. Auch bei der Kernspaltung wird die nukleare Energie in innere Energie eines Energieträgers verwandelt; dieser ist das zur „Kühlung" des Kernreaktors verwendete Medium. Auf der in der Abbildung als „innere Energie eines Energieträgers" bezeichneten Zwischenstufe ist somit in jedem Falle die Exergie merklich kleiner als der Exergiegehalt der chemischen oder nuklearen Energie.

Zur Umwandlung der inneren Energie in elektrische Energie bestehen mehrere Möglichkeiten. Die „konventionellen" Verfahren, die innere Energie eines Energieträgers durch Wärmekraftmaschinen und Verbrennungskraftmaschinen in mechanische Energie zu verwandeln, werden wir später ausführlich untersuchen.

Diese Verfahren gehören zum gesicherten Bestand der Energietechnik, sie sind heute noch die wichtigsten und wirtschaftlich günstigen Verfahren zur Gewinnung mechanischer und elektrischer Energie."

....und dann sind rechts noch einige Technologien im Zusammenhang mit der Fusion aufgeführt. Sie werden bemerkt haben, dass von Sonne und Wind nur am Rande die Rede war.

Dampfkraftanlagen 2

2.1 Einleitung

Der Umwandlungsprozess bei Wärmekraftanlagen geschieht folgendermaßen: Ein fossiler Brennstoff gibt bei der Verbrennung die in ihm enthaltene chemische Bindungsenergie ab. Diese kann über geeignete Trägermedien dazu benutzt werden, sich in mechanische Arbeit umzuwandeln. Als Energieträger betrachten wir in diesem Abschnitt den Dampf. Der wiederum gibt einen Teil seiner verwertbaren Energie an eine Turbine ab, die einen Generator antreibt, der elektrischen Strom erzeugt.

Neben Dampf kann auch Gas als Arbeitsmedium eingesetzt werden (s. Abschn. 2.2). In der Kernenergie tritt anstelle der Freisetzung chemischer Energie, die in den fossilen Brennstoffen enthalten ist, die Freisetzung der nuklearen Bindungsenergie, die über ein Wärmetauschsystem wiederum Dampf erzeugt. Davon in einem eigenen Abschnitt zum Funktionieren eines Kernkraftwerks an anderer Stelle mehr (s. Abschn. 2.5).

Bei Verbrennungskraftanlagen wird das Verbrennungsgas als Arbeitsmedium verwendet, indem es z. B. einen Kolbenmotor antreibt, bevor es als Abgas an die Umgebung abgegeben wird.

2.2 Kohle

Abbildung 2.1 zeigt schematisch ein Kohlekraftwerk, in dem unsere bisher angeführten Überlegungen auf allen Stufen zum Tragen kommen. Ganz ähnlich sehen auch die anderen Kraftwerke mit fossilen Energieträgern aus. Zu den Gaskraftwerken gibt es darüber hinaus Folgendes zu sagen:

© Springer Fachmedien Wiesbaden 2015
W. Osterhage, *Die Energiewende: Potenziale bei der Energiegewinnung,*
essentials, DOI 10.1007/978-3-658-10245-6_2

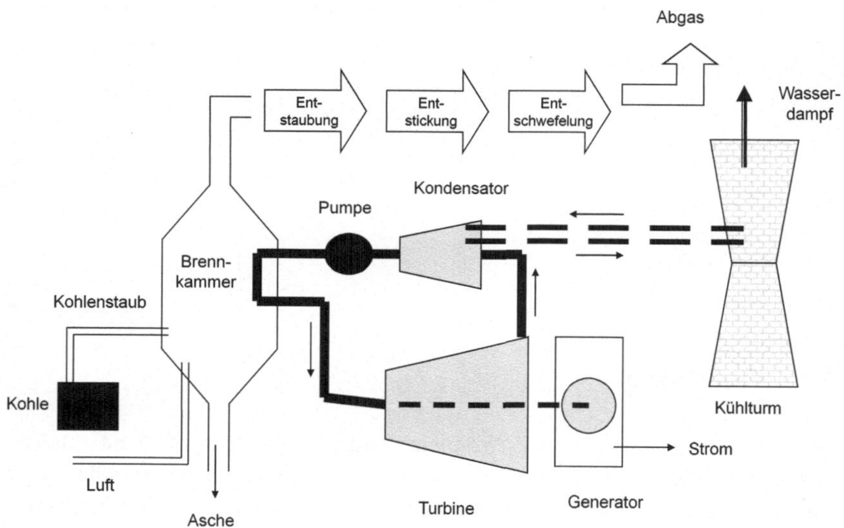

Abb. 2.1 Dampfkraftwerk

Es kann sich um ein mit Brenngas befeuertes Dampfkraftwerk handeln. Es gibt allerdings auch Gaskraftwerke, bei denen eine Turbine durch ein anderes heißes Gas als Wasserdampf angetrieben wird. Man spricht dann von einem Gasturbinenkraftwerk (s. Abschn. 2.3). Und es gibt so genannte Gas-Dampf-Kombikraftwerke. Die Bezeichnung Gaskraftwerk wird darüber hinaus auch für ein mit Brenngas befeuertes Blockheizkraftwerk verwendet.

Auch für den fossilen Energieträger Öl gelten dieselben physikalischen Gesetze. Als Großkraftwerke sind sie heute außer Mode gekommen. Eigentlich dient dieser Energieträger nur noch der Notstromversorgung durch Dieselaggregate.

2.3 Gas

Der Einsatz von Gas in Wärmekraftanlagen kann auf unterschiedliche Weise erfolgen. Klassisch bietet sich die Verbrennung von Gas (Brenngas) anstelle von fossilen Brennstoffen an. Physikalisch ist dann das Geschehen ähnlich wie unter Abschn. 2.2 beschrieben. Die technologische Umsetzung ist natürlich eine andere.

Eine weitere Möglichkeit ist der Einsatz einer Gasturbine. Dabei wird eine Turbine nicht durch Dampf, sondern durch ein heißes Gemisch aus Luft und

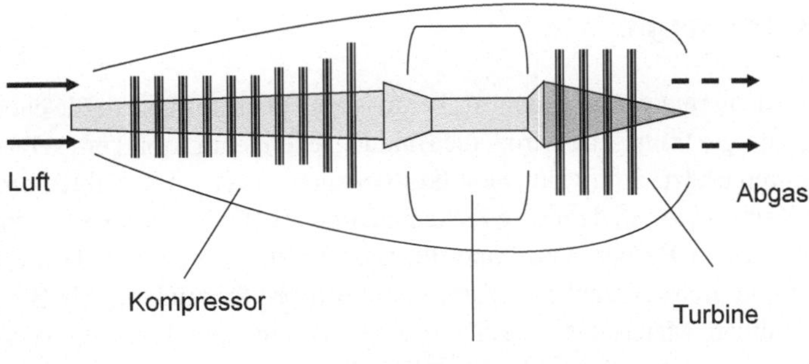

Abb. 2.2 Gasturbine

Verbrennungsgas angetrieben. Es handelt sich nicht um eine klassische Turbine, sondern um eine Anlage, in der der eigentlichen Turbine eine Brennkammer vorgeschaltet ist (s. Abb. 2.2). Durch die Entspannung des Gasgemisches wird Energie auf die Turbinenschaufeln übertragen, die in Rotationsenergie umgewandelt wird. Der Wirkungsgrad einer solchen Anlage beträgt etwa 40 %. Der Rest geht als Wärmeabgabe an die Umgebung verloren.

Um den Wirkungsgrad zu erhöhen – beispielsweise auf 60 % –, kann man eine Gasturbine mit einer Dampfturbine kombinieren. Solche Gas-Dampf-Kombikraftwerke nutzen die Abhitze der Gasturbine, um über einen Dampferzeuger (Wärmetauscher) eine nachgeschaltete Dampfturbine anzutreiben.

Blockheizkraftwerke (BHKW) dienen der gleichzeitigen Erzeugung von Elektrizität und Wärme. Dabei wird die Abwärme, die bei der Umwandlung in elektrische Energie entsteht, zu Heizzwecken genutzt (Kraft-Wärme-Kopplung). Der mechanische Antrieb kann über Verbrennungsmotoren erfolgen, aber auch durch den Einsatz von Gasturbinen. BHKW können auch in miniaturisierter Form in Wohnanlagen oder z. B. Krankenhäusern zum Einsatz kommen.

2.4 Öl

Öl als Energieträger spielt heute keine große Rolle mehr. Das Prinzip ist dasselbe wie bei den anderen fossilen Brennstoffen. Die freiwerdende Energie bei der Verbrennung treibt entweder eine Verbrennungskraftmaschine (Motor) oder eine Wärmekraftanlage. Zum Einsatz kommen Öle eigentlich nur noch im Zusammenhang mit Notstromaggregaten.

2.5 Kernenergie

Bei der Kernenergie wird – anders als bei fossilen Brennstoffen, wo die chemische Bindungsenergie freigesetzt wird – die Bindungsenergie im Atomkern selbst durch Spaltung freigesetzt. So tritt in Dampfkraftanlagen anstelle des Verbrennungsmoduls der Kernreaktor, in dem eine Kettenreaktion stattfindet. Ein Kernreaktor soll in einem stabilen Betrieb eine kontrollierbare Leistung erzeugen. Das erfordert eine kontinuierliche Anzahl von Kernspaltungen pro Zeiteinheit. Als Brennstoff werden spaltbare Materialien, die sich in einem Isotopenmix befinden, verwendet. Dazu gehören meistens U^{235} oder Pu^{239}. Zur Steuerung und Auslegung eines Reaktors gibt den so genannten Multiplikationsfaktor k. Er kennzeichnet das Verhältnis der Neutronendichten am Ende und Anfang einer Generation innerhalb einer Kettenreaktion. Dieser Faktor muss während des Betriebes mindestens $= 1$ sein. k berechnet sich wie folgt:

$$k = \varepsilon\mathrm{pf}\eta\mathrm{L} \qquad\qquad (2.1)$$

ε ist der sog. Schnellspaltfaktor, p die Resonanzdurchgangswahrscheinlichkeit; f gibt an, welcher Prozentsatz abgebremster Neutronen im Brennstoff absorbiert wird; η ist die Anzahl der bei der Spaltung neu frei werdender Neutronen, und L wird als Nichtleckfaktor bezeichnet.

Gehen wir von einer pro Spaltprozess frei gesetzten Energie von 180 MeV aus, dann benötigt man für eine Leistung von 1 W 3×10^{10} Kernspaltungen pro Sekunde. Die zeitabhängige Leistung hängt ab von

- dem Volumen V
- der mittleren Dichte N der spaltbaren Kerne
- dem Spaltquerschnitt und
- dem mittleren Neutronenfluss nv je cm^2 und Sekunde.

n und v stehen für die mittlere Dichte bzw. Geschwindigkeit der Neutronen. Dann ergibt sich für die Leistung eines Reaktors:

$$P[W] = \mathrm{nv}\,\sigma\mathrm{V} / 3 \times 10^{10} \qquad\qquad (2.2)$$

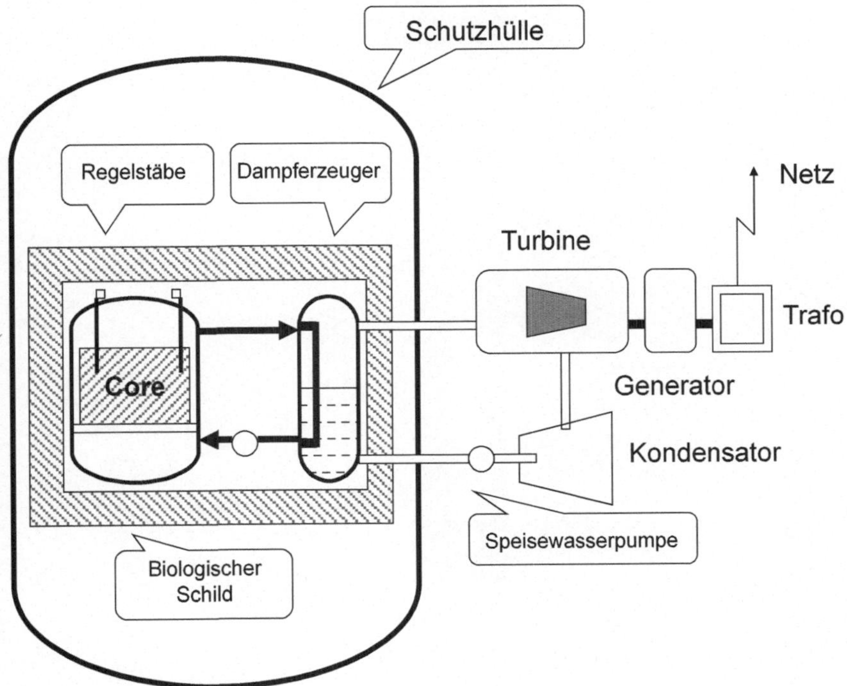

Abb. 2.3 Kernreaktor

2.5.1 Charakteristika von Reaktoren

Wir wollen kurz zusammenfassend die Hauptmerkmale der Kernreaktoren durchgehen. Die für die meisten Kraftwerksreaktoren gemeinsamen Komponenten sind in der Abb. 2.3 veranschaulicht.

Der Moderator ist das wichtigste Charakteristikum eines Reaktors. Als Moderatoren kommen in der Hauptsache Schwerwasser, Beryllium, Graphit und Wasser in Frage.

Nach dem Moderator ist das Kühlmittel ein bestimmendes Merkmal der Leistungsreaktoren. Man verwendet heute in Hochtemperaturreaktoren Helium als gasförmige Kühlmittel, ansonsten gibt es heute im Wesentlichen nur zwei weitere Typen: der gasgekühlte Graphitreaktor und der Wasserreaktor, die sich in großen Stückzahlen durchgesetzt haben. Daneben existieren die Flüssigmetallreaktoren als schnelle Brüter. Bei den wassergekühlten und -moderierten Reaktoren unterscheidet man Druck- und Siedewasserreaktoren.

Solarkraftwerke 3

Wie der Name schon besagt, wird in Solarkraftwerken über einen thermischen Zwischenschritt elektrischer Strom aus Sonneneinstrahlung gewonnen. Dabei macht man sich nicht die Lichteigenschaften, sondern die in der Sonnenstrahlung mitgeführte Wärmeenergie zu Nutze. Aber nichtsdestoweniger gewinnt man letztendlich Elektrizität aus Sonnenlicht. Im Gegensatz zur Photovoltaik, die in kleineren, dezentralen Einheiten eingesetzt wird, arbeitet ein Solarkraftwerk im Leistungsbereich von mehreren Hundert Megawatt. Da thermische Energie auch zwischengespeichert werden kann, funktioniert die Stromerzeugung durch solche Kraftwerke auch bei mangelhafter oder gar keiner Sonneneinstrahlung.

In Solarkraftwerken kommen unterschiedliche Technologie zum Tragen (s. Abb. 3.1).

Im Frontend finden wir die Konzentratoren, d. h. Spiegelkonfigurationen, die das einfallenden Sonnenlicht bündeln und umlenken. Dabei können Parabolrinnen oder Fresnel-Linsen zum Einsatz kommen. Die dabei umgesetzte Wärmeenergie kann Temperaturen von $> 100\,°C$ erreichen. Diese Wärmeenergie wird auf Verdampfungsaggregate, in der Regel Röhren, die mit einer Flüssigkeit mit niedrigem Siedepunkt oder Wasser gefüllt sind, fokussiert. Über einen Wärmetauscher wird Dampf erzeugt, der dann wiederum ganz klassisch zum Antrieb einer Turbine genutzt werden kann. Manche Anlagen nutzen den Wasserdampf direkt zum Turbinenantrieb.

Man errichtet Solarkraftwerke vorzugsweise im so genannten Sonnengürtel der Erde, der sich zwischen dem 40. nördlichen und dem 40. südlichen Breitengrad befindet. Die Wahrscheinlichkeit von Sonnenschein ist hier groß genug, sodass sich ein Einsatz lohnt (der Energieträger steht direkt zur Verfügung, sodass Transport-

© Springer Fachmedien Wiesbaden 2015
W. Osterhage, *Die Energiewende: Potenziale bei der Energiegewinnung,*
essentials, DOI 10.1007/978-3-658-10245-6_3

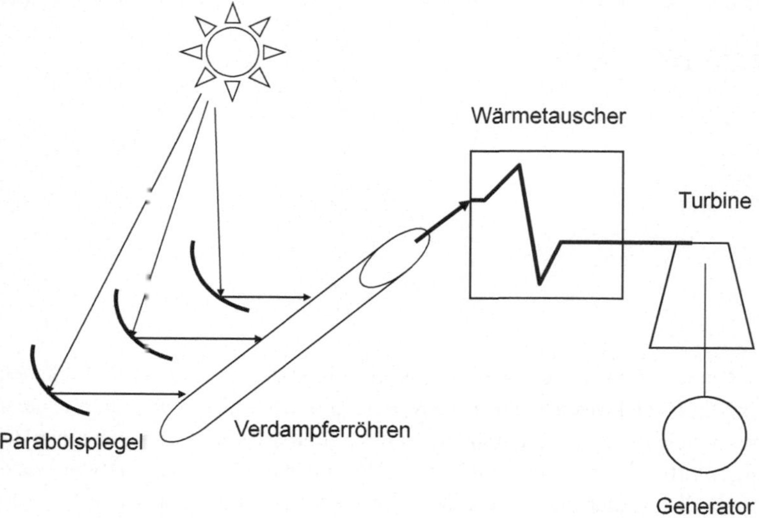

Abb. 3.1 Solarkraftwerk

und Infrastrukturkosten, wie sie bei anderen Energieträgern anfallen, entfallen). Außerdem ist die Strahlungsintensität wegen des Einfallswinkels der Sonnenstrahlen hier auch größer als außerhalb dieses Gürtels.

3.1 Parabolrinnen-Kraftwerke

Zu den erprobten Solarkraftwerken, die insbesondere in Kalifornien betrieben werden, gehören die Parabolrinnen-Kraftwerke. An dieser Stelle soll eine kurze Einführung gegeben werden. Statt durch Verbrennung von fossilen Brennstoffen oder durch Spaltung von Atomkernen wird der Dampf mittels Sonnenenergie gewonnen. Das Backend stellt sich dann wiederum klassisch mit Turbine und Generator dar.

In Europa steht beispielhaft das Kraftwerk Andasol in Südspanien, das aus mehreren Blöcken besteht. Die totale Kollektorfläche beträgt 1,5 Mio. m². Dabei kommen mehrere hunderttausende Parabolspiegel mit einer Breite von je 6 m und einer Länge von 12 m zum Einsatz. Diese Parabolspiegel bündeln das Sonnenlicht und fokussieren es auf ein Receiver-Rohr. In den Receiver-Rohren befindet sich ein Spezialöl, das auf 400 °C erhitzt wird. Über einen Wärmetauscher erfolgt schließlich die Dampferzeugung. Zusätzlich steht ein thermischer Speicher bereit in Form eines dafür geeigneten, flüssigen Salzgemisches (30.000 t). Die thermische Kapazität kann das Kraftwerk noch weitere 8 Std. betreiben, wenn keine Sonneneinstrahlung mehr stattfindet.

Photovoltaik 4

Die Sonne strahlt Licht und Wärme in Richtung Erde ab. Beide Anteile verringern sich von den ursprünglichen jährlichen $1{,}5 \times 10^{18}$ kWh durch die tatsächliche aktuelle Beschaffenheit der Atmosphäre (Wolken, Luftfeuchtigkeit, Staub etc.). Das Licht, welches die Nähe des Erdbodens bzw. auf Schiffen die Wasseroberfläche erreicht, kann mittels des Photoeffekts zur Gewinnung von elektrischem Strom genutzt werden. Dazu werden Solarzellen verwendet, die normalerweise in Solarmodule eingebunden sind. Die Gesamtheit aller verbundenen Solarmodule nennt man Photovoltaikanlage.

Die so gewonnene Elektrizität kann direkt verbrauchenden Endgeräten zu deren Betrieb zugeführt oder alternativ in ein vorhandenes Stromnetz eingespeist werden. Bei der Einspeisung ist zu beachten, dass Solarzellen zunächst Gleichstrom erzeugen, die öffentlichen Transportnetze aber auf Basis von Wechselstrom funktionieren. Deshalb ist vor der Einspeisung ein Wechselrichter erforderlich.

Neben dem Betrieb von z. B. Haushaltsgeräten und der Einspeisung gibt es weitere Möglichkeiten der Nutzung von Photovoltaik. Sie kommt bei Parkscheinautomaten oder Warntafeln zum Einsatz. Um die Wetterabhängigkeit zu reduzieren, wird die elektrische Energie zunächst genutzt, um Akkumulatoren aufzuladen, die anschließend das Gerät betreiben.

Der Betrieb selbst von Photovoltaik-Anlagen ist sehr umweltschonend, da keinerlei Verbrennungsrückstände wie Asche oder Abgase wie z. B. bei klassischen Kraftwerken auftreten. Daneben gibt es aber auch einige Nachteile. Bei der Herstellung von Solarpanelen entstehen chemische Rückstände, deren Entsorgung nicht unproblematisch ist. Sie sind außerdem mit im Vergleich zu konventionellen Energieumwandlungstechnologien mit deutlich höheren Kosten verbunden. Die

© Springer Fachmedien Wiesbaden 2015
W. Osterhage, *Die Energiewende: Potenziale bei der Energiegewinnung,*
essentials, DOI 10.1007/978-3-658-10245-6_4

relativ weite Verbreitung von Solaranlagen, z. B. auf Dächern von Eigenheimen, ist für die Betreiber nur deshalb erschwinglich geworden, weil ihr Einsatz subventioniert wird. Dazu und bezüglich der Einspeisevoraussetzungen hatte der Gesetzgeber entsprechende Regelungen eingeführt (EEG-Gesetzgebung).

Ein weiteres Problem bereitet die Abhängigkeit von Wetterbedingungen. Sonneneinstrahlung schwankt naturgemäß nicht nur übers Jahr, sondern auch tagsüber am selben Standort. Vorhersagen sind schwierig, und wegen der damit verbundenen Einschränkung der Zuverlässigkeit sind im Zusammenhang mit Solaranlagen immer auch Reserve-Technologien erforderlich, die bei ungünstiger Wetterlage Stromausfall kompensieren können. Langfristig könnte man dieses Problem durch den Einsatz geeigneter Energiespeicher lösen. Bis dahin aber bleibt Solarenergie ein Baustein unter anderen im Gesamtgefüge der Energieversorgung.

Windkraft

5

5.1 Einleitung

Bevor wir zu den eigentlichen Anwendungen kommen, werde ich noch einen Schritt zurück machen und beim Wind selbst anfangen – seine Entstehung und die Randbedingungen für seine Nutzung. Gefolgt werden diese Bemerkungen durch eine Ergänzung der physikalischen Grundlagen.

Dann kommen wir zu den technischen Details. Im Einzelnen werden abgehandelt:

- Erzeugung
- Rotorfragen
- Verluste
- Erträge
- Einspeisung und Steuerung
- Offshore-Problematiken.

Aber zunächst einige Grundsatzüberlegungen:

Bei unseren bisherigen Betrachtungen sind wir von ganz unterschiedlichen Energieformen bzw. -trägern ausgegangen: Bindungsenergien (chemische und nukleare) sowie direkte atomphysikalische Interaktionen (Photoeffekt). Beim Wind treffen wir erstmalig auf die Notwendigkeit, direkt kinetische Energie in Elektrizität umzuwandeln (bei Kraftwerken erfolgte das in den weiterführenden Stufen über die kinetische Energie von Turbinen). Jetzt aber geht es um bewegte Luftmassen. Indirekt haben wir es natürlich wieder mit der Energie zu tun, die uns von der Son-

© Springer Fachmedien Wiesbaden 2015
W. Osterhage, *Die Energiewende: Potenziale bei der Energiegewinnung,*
essentials, DOI 10.1007/978-3-658-10245-6_5

ne zugeführt wird, denn Luftbewegungen entstehen durch Temperaturunterschiede in der Atmosphäre. Dabei ist zu beachten, dass die Erwärmung der Erdoberfläche und damit auch der Luftmassen nicht einheitlich geschieht, sondern lokal abhängig ist von einer Reihe Faktoren:

- dem Einfallswinkel der Sonnenstrahlung (s. Temperaturunterschied zwischen Äquator und Polkappen)
- den atmosphärischen Gegebenheiten (wie bereits im vorherigen Abschnitt für die Photovoltaik ausgeführt): Transparenz in Abhängigkeit von Luftfeuchtigkeit, Staub etc.

Der Erwärmungsvorgang der Luft erfolgt dabei nicht direkt, sondern indirekt über die Erwärmung von Strukturen der Erdoberfläche (Berge, Landflächen, von Menschen geschaffene Gebilde etc.) durch die Absorption von Wärmeenergie. Durch Emission von diesen Gebilden werden im Nachgang dann die darüber liegenden Luftschichten erwärmt.

All diese Vorgänge sind der Grund für Temperatur- und Druckgradienten. Eine wichtige Rolle spielt natürlich der Wechsel von Tag und Nacht. Also haben wir im Wesentlichen zwei Dynamos, die für die massiven Bewegungen der Luftmassen und damit für Entstehung von Winden verantwortlich sind: der Tag- und Nachtrhythmus und die Unterschiede zwischen den Polen und dem Äquator. Weitere Effekte entstehen durch die Erdrotation selbst und die Neigung der Erdachse relativ zur Erdumlaufbahn um die Sonne (Sommer/Winter). Die Erdrotation führt zu dem Effekt der Corioliskraft, die dafür sorgt, dass sich in der Strömung von Luftmassen Wirbel bilden. Diese Wirbel, die durch die Strömung von Hochdruck- in Tiefdruckgebiete entstehen, bewegen sich auf der Nordhalbkugel gegen, auf der Südhalbkugel im Uhrzeigersinn.

Daneben gibt es nun eine Reihe von eher lokalen Effekten, die zu weiteren Temperatur- und damit Druckunterschieden führen können:

- Unterschiede in der Erwärmung und Abkühlung von Wasser und Land
- Unterschiede im Relief und in der Beschaffenheit der Erdoberfläche.

Etwas zur Physik der Windenergieumwandlung:

Nehmen wir einen beliebigen Querschnitt A, der von Luft im Zeitintervall Δt mit der Geschwindigkeit v durchströmt wird. Dann beträgt die Masse

$$\Delta m = \rho \, \Delta V = \rho A v \, \Delta t \qquad (5.1)$$

mit ΔV dem Volumenelement und ρ dem spezifischen Gewicht. Daraus folgt für die kinetische Energie:

$$E_{kin} = \Delta\, mv^2 / 2 = \rho A v^3\, \Delta t / 2 \tag{5.2}$$

5.2 Umsetzung

Welches sind nun die technischen Elemente, mit denen die Physik der Windbewegung umgesetzt werden kann – also wie funktioniert der Umwandlungsmechanismus? Dazu müssen wir uns zunächst die Einzelkomponenten einer Windkraftanlage anschauen. Sie setzen sich zusammen aus (s. Abb. 5.1):

- Rotor
- Maschinengondel, auf einem
- Turm.

Der Rotor mit seinen Rotorblättern läuft auf einer Nabe. In der Maschinengondel wird die kinetische Rotationsenergie an einen Generator abgegeben. Wegen der wechselnden Windrichtung sind die Maschinengondel und damit die Rotorkonfiguration drehbar auf dem Turm gelagert. Die erforderlichen Einspeisesysteme mit

Abb. 5.1 Windkraftanlage

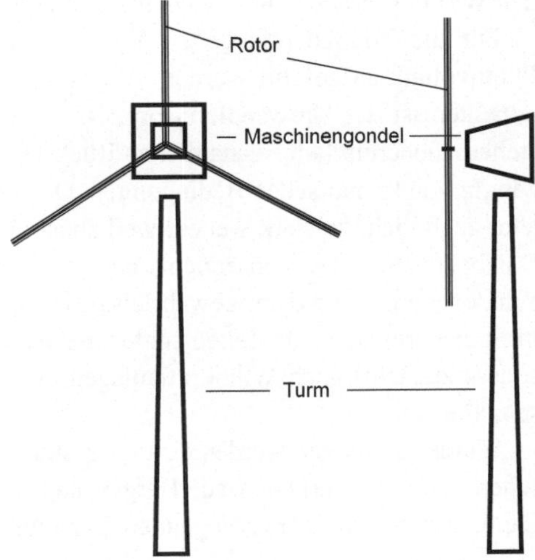

ihrer Elektronik sind teilweise in der Maschinengondel oder in einer speziellen Schaltkomponente am Fuß des Turms eingebaut. Mit Hilfe dieser Konfiguration erfolgt im Prinzip die Umwandlung von kinetischer Windenergie in elektrische Energie, die an ein Stromnetz geliefert werden kann. In der Praxis sind allerdings noch einige Feinheiten zu beachten:

Eine Windkraftanlage erzeugt zunächst Wechselstrom. Wegen der schwankenden Drehzahlen des Rotors in Abhängigkeit von der Windgeschwindigkeit kann dieser Wechselstrom im „Rohzustand" nicht in das stabile Wechselstromnetz eingespeist werden. Also durchläuft der Strom zunächst einen Gleichrichter, hinter dem ein Wechselrichter geschaltet ist, der für eine synchrone Einspeisung sorgt.

Bei der Konstruktion von Rotoren ist eine Reihe von Kriterien zu berücksichtigen, die hier nicht im Detail ausgeführt werden sollen. Dazu gehören:

- optimal Energiedichte des Windes
- Abbremsverhalten des Rotors im Wind
- schwingungstechnische Stabilität (3-Blatt-Rotoren sind inhärent stabiler als z. B. 4-Blatt-Rotoren, bei denen unterschiedliche Kräfte auf die Rotorblätter wirken, je nachdem ob sie sich vor dem Turm oder über ihm befinden, sodass ein laterales Drehmoment entstehen würde, das auf gegenüberliegende Blätter wirkt).

Insgesamt ist man bestrebt, dem Wind eine möglichst große Rotorfläche entgegenzusetzen.

Der Wirkungsgrad der gesamten Anlage setzt sich schließlich zusammen aus den Wirkungsgraden aller mechanischen und elektrischen Elemente.

Für die Windenergie gelten ähnliche Abwägungen, wie sie bereits bei der Photovoltaik aufgeführt wurden: Abgesehen von der Produktion der Einzelkomponenten ist der Umwandlungsprozess selbst äußerst umweltfreundlich. Es entstehen wiederum keine schädlichen Rückstände. Allerdings sind wir auch hier abhängig von klimatischen Bedingungen. Der Wind darf nicht zu schwach (<5 m/s), aber auch nicht zu stark wehen, weil sonst die Produktion zum Stillstand kommt. Das bedeutet in der Konsequenz, dass eine Grundlast ähnliche Versorgung durch Windenenergie nur dann gewährleistet ist, wenn überzählige elektrische Energie in Speichermedien für Zeiten schlechter Bedingungen vorgehalten werden kann, sodass zunächst auch Windkraftanlagen nur Teil eines optimierten Energiemixes sein können.

Windkraftanlagen werden dort aufgestellt, wo optimale Windverhältnisse herrschen – im Wesentlichen auf Bergen und an den Küsten oder auf dem flachen Land, wenn keine näher liegenden Bebauungen stören. Die gewonnene elektrische Energie ist natürlich Standort abhängig. Anlagen an der Küste liefern etwa 25 % mehr Energie als Anlagen im Binnenland. Offshore-Anlagen geben etwa das Doppelte gegenüber Binnenlandanlagen ab. Bei den Offshore-Anlagen gibt es besondere Kosten- und Wartungsfaktoren zu berücksichtigen (unabhängig von der See-Verkabelung zu den Küsten hin). Durch die Aggressivität des Meerwassers und der darüber liegenden Luftschichten besteht erhöhte Korrosionsgefahr, sodass spezielle Werkstoffe für den Bau verwendet werden müssen. Außerdem sind für bestimmte Komponenten spezielle Schutzmaßnahmen erforderlich. Bei Offshore-Anlagen gibt es weitere Bedingungen, die beachtet werden müssen:

* höhere Windgeschwindigkeiten
* Schwingungen der gesamten Anlage durch die Seebewegungen.
* Wartungszugänge (Anlegestellen, Hubschrauberplattformen).

Biomasse 6

Obwohl technologisch erhebliche Unterschiede bestehen, unterscheiden sie sich, sowohl, was die ursprüngliche Herkunft des Energieträgers angeht, als auch, was dessen Umwandlung in nutzbare Energie angeht, nicht grundsätzlich von dem, was über konventionelle Kraftwerke mit fossilen Energieträgern ausgeführt wurde: Organische Stoffe werden verbrannt und die beim Verbrennungsprozesse frei werdende chemische Bindungsenergie zum Betrieb von mechanisch-elektrischen Komponenten genutzt.

Lassen Sie uns zunächst auf die Energieträger eingehen. Bei dem, was man als Biomasse bezeichnet, handelt es sich im Grunde um alles, was irgendwie wächst und vergeht. Natürlich werden bei der Auswahl für unsere Zwecke bestimmte Kriterien zugrunde gelegt, die eine Vielzahl von Stoffen ausschließen. Dabei spielen solche Gesichtspunkte wie Brennwert, Lagerungsfähigkeit, Transport, Verfügbarkeit, Preise usw. wichtige Rollen. Übrig bleiben:

- Gemüse
- Früchte
- Gartenabfälle
- Speisereste,
- aber auch Stroh und Fruchthülsen.

Für Biomasse-Anlagen im großen Stil eignen sich aber eher:

- Trockenholz
- Holzabfälle

© Springer Fachmedien Wiesbaden 2015
W. Osterhage, *Die Energiewende: Potenziale bei der Energiegewinnung,*
essentials, DOI 10.1007/978-3-658-10245-6_6

- Späne usw.

Die Brennstoffe müssen in der Regel aufbereitet, d. h. in eine Form gebracht werden, die lager- und transportfähig ist, sowie den technologischen Erfordernissen einer größeren Verbrennungsanlage genüge tut. Häufig wird Biomasse zusammen mit fossilen Energieträgern verfeuert. Da es sich – wie bereits gesagt – um ähnliche Vorgänge handelt wie bei traditionellen fossilen Kraftwerken, besteht die Möglichkeit, vorhandene Kraftwerke entsprechend umzurüsten.

6.1   Verbrennungsanlagen

Je nachdem, ob es sich um größere Anlagen oder um Anlagen für den Hausgebrauch handelt, unterscheiden sich die Verbrennungstechnologien. Wo soll man die Grenze ziehen? Grundsätzlich fallen alle Öfen, in denen man Holz oder Holzabfälle verbrennt, unter Biomasse-Anlagen. Heute sind diese Vorläufer technologisch verfeinert worden und zu Pellet- oder automatischen Holzhackschnitzelheizungen aufgerüstet worden.

Biomasse-Anlagen werden nach folgenden Kriterien klassifiziert:

- Gesamtanlagengröße
- verwendete Brennstoffe
- Beschickungssystem
- Feuerungstechnik.

Bzgl. der Anlagengröße gibt die Tab. 6.1 einige Anhaltspunkte:

Beschickungssysteme unterscheiden sich nach:

- kontinuierlicher
- absetziger

Tab. 6.1 Klassifizierung von Biomasse-Anlagen nach Anlagengröße

Kleinstanlagen	$<15\,\text{kW}$
Kleinanlagen	$15\,\text{kW}-1\,\text{MW}$
mittlere Anlagen	$1\,\text{MW}-50\,\text{MW}$
Großanlagen	$>50\,\text{MW}$

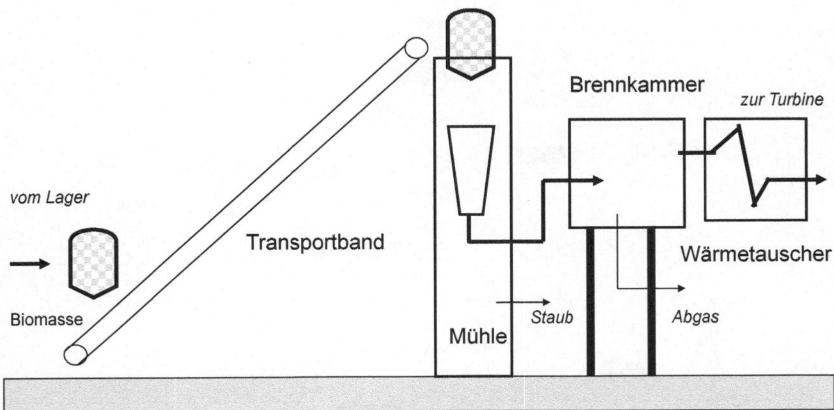

Abb. 6.1 Biomasse-Verbrennungsanlage

- manueller und
- automatischer Beschickung.

Feuerungstechnik differenziert sich nach:

- Unterschub-
- Treppenrost-
- Schrägrost-
- Vorschubrost-
- Wirbelschicht-
- Stocker-
- Vorofen-
- Einblas-
- Schacht-
- Durchbrand-
- Unterbrand-
- Frontalbrandfeuerung.

An dieser Stelle soll auf die Unterschiede nicht weiter eingegangen werden.

Die Hauptkomponenten (s. Abb. 6.1) einer Biomasse-Verbrennungsanlage (als Frontend vor der Umwandlung in nutzbare Energie) sind:

- Brennstofflager
- Brennstoffzuführung

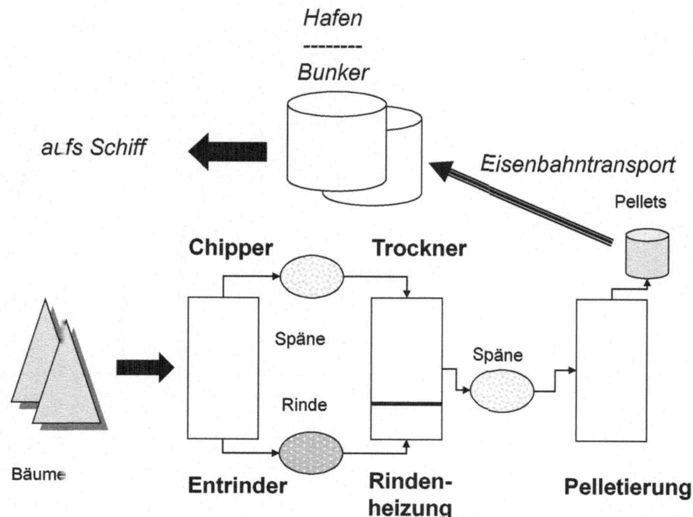

Abb. 6.2 Brennstoff-Transportkreislauf für Biomasse

- Transporteinheit
- Kessel
- Luftregelung
- Rauchgasreinigung
- Entaschung
- Wärmetauscher.

Abbildung 6.2 zeigt einen Ausschnitt aus dem Brennstoff-Transportkreislauf.

6.2   Die Verbrennung

Bei der Verbrennung unterscheidet man unterschiedliche Phasen:

- Trocknung (Freisetzen von Wasserdampf)
- Pyrolyse (Freisetzen brennbarer Gase)
- Oxydation (Verbrennung der Gase).

Alle drei Phasen bedingen unterschiedliche Sauerstoffzufuhr.

Über den gesamten Prozess werden folgende Stoffe umgesetzt bzw. erzeugt:

- Wasserdampf
- Kohlendioxid
- Kohlenmonoxid
- Stickoxide
- Kohlenwasserstoffe
- Ruß
- Schlacke.

Einflussfaktoren bei der Verbrennung und damit auch auf den Wirkungsgrad solcher Anlagen sind:

- Brennwert
- Feuchtigkeit des Brennstoffs
- Sauerstoffzufuhr
- Gasverhalten in der Brennkammer
- Brenntemperatur
- Brennkammer Layout.

6.3 Energieträger

Bei der Auswahl von (neuen) Brennstoffen spielen folgende Kriterien eine wichtige Rolle:

- chemische Zusammensetzung
- Explosionsgefahr
- Verarbeitungsfähigkeit
- Verbrennungsprozess.

Auf diese Weise haben die nachfolgenden Stoffe Einzug in den Biomasse-Kreislauf gefunden:

- Holz-Pellets
- Palmenmark-Pellets
- Zitrus-Pellets
- Erdnuss-Pellets
- Reiß-Hülsen
- Soja-Hülsen
- Kaffee-Hülsen.

Bei unterschiedlicher Dichte haben Holzspäne einen etwas niedrigeren, Holz-Pellets einen etwas höheren Brennwert als traditionelle Kohle. 60 % der Holz-Pellets kommt aus Canada (per Schiff), 10 % aus Europa und die restlichen 30 % aus anderen Lokationen (Quelle: RWE), sodass sich mittlerweile Transportrouten eröffnet haben, die denen großer Öltanker gleichen.

6.4   Die Umsetzung

Bisher haben wir uns lediglich mit Front-end-Überlegungen beschäftigt. Aber schließlich geht es ja vor allem um den nutzbaren Output. Große Energieversorgungsunternehmen betreiben europaweit eine Vielzahl mit Biomasse befeuerte Heizkraftwerken. Ihnen liegt folgende Funktionsweise zugrunde:

- Die Biomasse wird am Kraftwerk angeliefert und Fremdstoffe wie Steine oder Metall werden aussortiert.
- Anschließend gelangt der Brennstoff in einen Kessel und wird bei hohen Temperaturen verbrannt (s. o.).
- Die dabei freigesetzte Energie erhitzt Wasser zu Dampf. Dieser treibt eine Turbine an, welche wiederum an einen Generator gekoppelt ist. Dadurch wird Strom erzeugt.
- Die Restwärme aus dem Dampfkessel ist als Fernwärme nutzbar.

Biogas 7

Der Energieträger beim Biogaseinsatz zur Energieumwandlung ist Methan. Es gibt daneben bei der Biogasentstehung noch weitere andere Gase, die aber nur bzgl. des Wirkungsgrades einer Gesamtanlage eine Rolle spielen. Biogas wird gewonnen als Nebenprodukt in landwirtschaftlichen Betrieben, aus Abfällen der Ernährungsindustrie und Entsorgungsanlagen (Klärwerke). Die Erzeugungsrate selbst hängt natürlich von der Art der organischen Primärstoffe ab. Diese können folgenden Ursprungs sein:

- Stallmist und Gülle
- Unkraut und pflanzlicher Abfall
- Rückstände aus Destillations- und Brauprozessen
- organische Schlämme aus der Lebensmittelherstellung
- Schlachthofabfälle
- Biotonneninhalte aus Hausmüll
- Klärschlämme aus kommunalen Anlagen
- Lebensmittelabfälle aus gastronomischen Betrieben
- sonstige Gartenabfälle

Tabelle 7.1 gibt einen Überblick über Gaserträge für verschiedene organische Substanzen:

Der Basisvorgang, dem alles Weitere zugrunde liegt, besteht aus der Verwesung organischen Materials, seien es abgestorbene Pflanzen oder Tierkadaver. Bewerkstelligt wird dieser Prozess durch Bakterien, die keinen Sauerstoff zum Leben benötigen (anaerob). Solche Bakterien sind weit verbreitet in der Natur, z. B. in

© Springer Fachmedien Wiesbaden 2015

W. Osterhage, *Die Energiewende: Potenziale bei der Energiegewinnung,* essentials, DOI 10.1007/978-3-658-10245-6_7

Tab. 7.1 Biogaserträge

Rindergülle	25 m³/t
Schweinegülle	36 m³/t
Molke	55 m³/t
Brauereirückstände	75 m³/t
Grünabfall	110 m³/t
Bioabfall	120 m³/t
Speiseabfälle	220 m³/t
Altfett	600 m³/t

Tab. 7.2 Biogasbestandteile

Methan	40–75 %
Kohlendioxid	25–55 %
Wasserdampf	0–10 %
Stickstoff	0–5 %
Sauerstoff	0–2 %
Wasserstoff	0–1 %
Ammoniak	0–1 %
Schwefelwasserstoff	0–1 %

Sumpfgebieten, siedeln aber auch im Verdauungstrakt von Tieren. Über das in der Landwirtschaft gehaltene Vieh gelangen sie in Stalldung und Gülle. Die chemische Reaktion sieht so aus:

$$\text{organischer Abfall} + \text{Bakterien} > \text{Methan} + CO_2 + \text{Verwesungsprodukt}$$

Für die weitere Betrachtung sind nur die beiden Gase relevant, die in einer Biogasanlage verbrannt werden. Die Tabelle zeigt die Zusammensetzung von Biogas in ihren chemischen Bestandteilen (Tab. 7.2):

Biogas kann sowohl zur Stromerzeugung als auch zur direkten Wärmegewinnung herangezogen werden. Der Heizwert von 1 m³ Biogas entspricht etwa dem von 0,6 L Heizöl. Auf dieser Basis lässt sich folgende Rechnung aufmachen:

Basis ist eine Kuh und deren Stalldungproduktion pro Tag:

Masse: 10–20 kg

Umwandlung in Biogas: 1–2 cm³/d

Umwandlung in Elektrizität: 1,2–2,4 kWh

Daraus folgt, dass eine Kuh das Äquivalent von etwa 300 L Heizöl pro Jahr an Stalldung produziert.

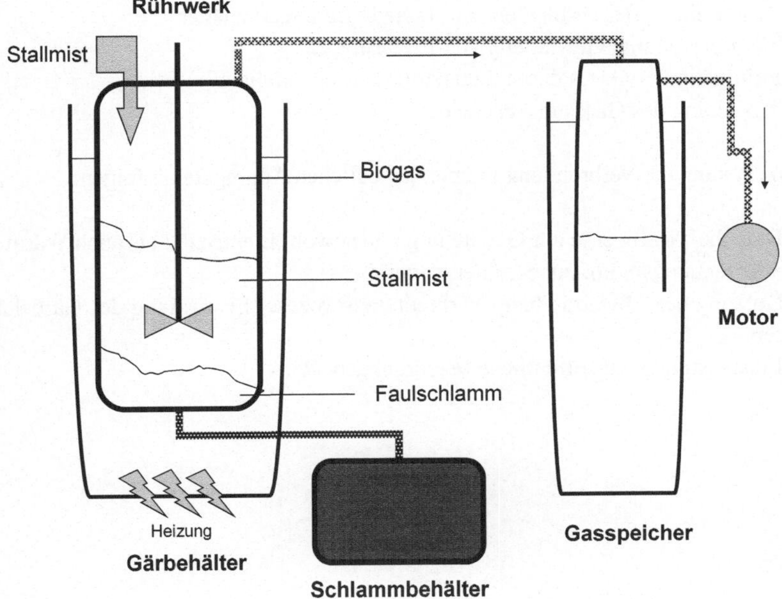

Abb. 7.1 Biogasanlage

7.1 Technologische Voraussetzungen

Die wesentlichen Komponenten einer Biogasanlage sind (s. Abb. 7.1):

- Gärbehälter (Fermenter)
- Verbrennungsaggregat
- Stromerzeugungsaggregat.

Der Strom-/Wärmegewinnungsprozess läuft dann folgendermaßen ab:

- Zuführung der organischen Materie in den Fermenter
- Verweilzeit: einige Tage > Bildung von Biogas
- während der Verweilzeit: ständiges Rühren
- Verweilzeit und Volumen erzeugten Biogases in Abhängigkeit von der Temperatur (30–40 °C angestrebt)

- Weiterleitung der verbleibenden Masse in Endlagerbehälter
- hier noch einmal Gewinnung von Rest-Biogas.
- Reinigung des Gases durch Sauerstoff; Entschwefelung
- Trocknung des Gases in Abscheider

Danach kann die Verbrennung in unterschiedlichen Aggregaten erfolgen:

- Blockheizkraftwerke zur Gewinnung von sowohl Elektrizität als auch Wärme
- Verbrennungsmotor zur Stromerzeugung
- Nutzung der Abwärme beim Verbrennungsprozess (Erwärmung des Gärbehälters)
- Einspeisung in das öffentliche Versorgungsnetz.

Erdwärme 8

8.1 Einleitung

In diesem Abschnitt geht es wiederum um einen Energieträger, der anscheinend unerschöpflich ist, die Erdwärme. Es wird differenziert zwischen den einfachen Systemen für den Hausgebrauch und größeren Kraftanlagen.

Im ersten Teil werden wir das Thema Wärmepumpe aufgreifen. Es geht um das Erdreich als Energielieferant, und welche Quellen dafür zur Verfügung stehen, sowie welche Systemlösungen es grundsätzlich geben kann.

Im zweiten Teil werden die Grundsätze der Geothermie und die Funktionsweise von Geothermiekraftwerken erläutert.

Wie aus dem eingangs Gesagten hervorgeht, gibt es also zwei Hauptanwendungsbereiche:

- den Kleinbetrieb unter Zuhilfenahme einfacher Wärmepumpen und
- den eigentlichen Kraftwerksbetrieb.

Beide Anwendungsbereiche – abgesehen vom Energieträger selbst – unterscheiden sich technologisch wesentlich. Unabhängig davon liegt das Hauptaugenmerk auf die gewaltigen Tiefenunterschiede, die man jeweils erreichen muss, um das gewünschte Ergebnis zu erzielen. Bei den Kleinanwendungen sprechen wir auch von Oberflächen nahen Systemen, während zur Erschließung des eigentlichen Geothermiepotenzials Tiefenbohrungen vorgenommen werden müssen.

© Springer Fachmedien Wiesbaden 2015
W. Osterhage, *Die Energiewende: Potenziale bei der Energiegewinnung,*
essentials, DOI 10.1007/978-3-658-10245-6_8

8.2 Wärmepumpensysteme

Ein Beispiel für eine Exergie-Anergiebilanz findet sich in der so genannten Wärmepumpe (Abb. 8.1). Wärmepumpen werden eingesetzt, um Abwärme aus der Umgebung zur Energieumwandlung nutzbar zu machen. Der klassische Fall der Umwandlung von thermischer Energie (Exergie) in z. B. mechanische ist wohlbekannt durch den Antrieb von Turbinen durch heiße Gase. Die dabei entstehende Abwärme (Anergie) geht verloren. Die Gesamtenergiebilanz lautet:

$$E_{ges} = E_{ex} + E_{an} \tag{8.1}$$

Wärmepumpen nutzen einen umgekehrten Prozess. Sie greifen die in einer Umgebung befindliche Abwärme auf, die aus unterschiedlichen Quellen kommen kann, auch aus dem Erdreich. Diese Wärme wird genutzt, um eine Flüssigkeit mit niedrigem Siedepunkt zu verdampfen. Anschließend wird mechanische Energie zugeführt, indem der Dampf verdichtet wird. Im weiteren Kreislauf lässt man das verdichtete Gas unter Expansion wieder kondensieren. Die dabei frei werdende Wärme kann u. a. zu Heizzwecken genutzt werden.

Die zugehörige Energiebilanz sieht folgendermaßen aus:

$$\dot{E} = \dot{E}_{an} + \left| \dot{E}_{ex} \right| \tag{8.2}$$

$$\dot{E}_{an} = \frac{T_u}{T} \dot{E} \tag{8.3}$$

$$\left| \dot{E}_{ex} \right| = \left(1 - \frac{T_u}{T} \right) \dot{E} \tag{8.4}$$

mit $\dot{E}$ dem abgegebenen Wärmestrom, T_u der Umgebungstemperatur und T der abgegebenen Temperatur.

Für Wärmepumpen werde nur Erdschichten zwischen 1,2 und 100 m Tiefe genutzt. Wie sehen nun die technischen Verfahren aus? – Es gibt zwei Möglichkeiten:

- der Einsatz von Erdkollektoren in Tiefen bis zu 1,2 m oder
- der Einsatz von Erdsonden, für die Bohrungen bis 100 m Tiefe erforderlich sind.

Für beide Technologien benötigt man einen Wärmeträger, der die Erdwärme aufnehmen kann. Hierbei handelt es sich um eine Flüssigkeit, z. B. ein Gemisch aus Wasser und Glykol, in dem aus der Abb. 8.1 ersichtlichen geschlossenen Rohrsys-

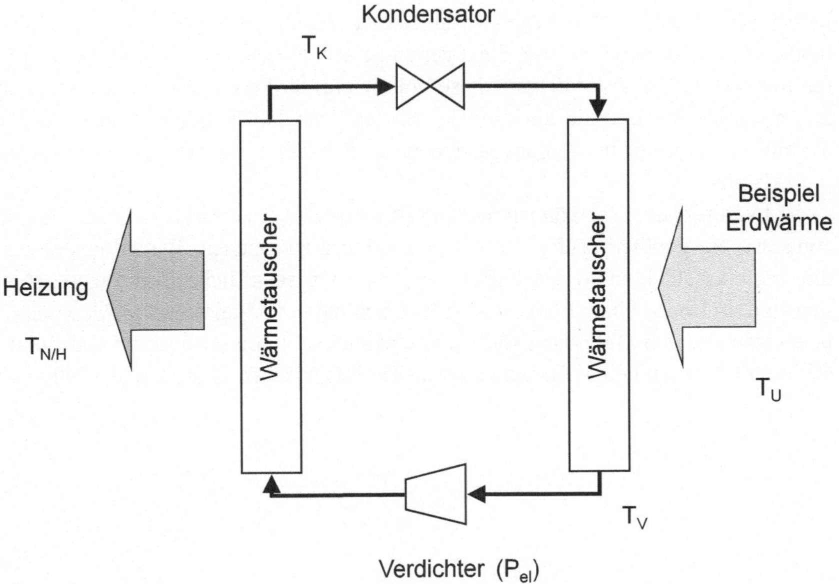

Abb. 8.1 Wärmepumpe

tem. Die erzeugte Heizleistung hängt natürlich von den geologischen Verhältnissen sowie der Geometrie der Gesamtanlage ab. Erdkollektoren bieten sich insbesondere für neue Einfamilienhäuser an, da bereits in der Bauphase die Kollektoren berücksichtigt werden können.

Für größere Gebäude und in dem Falle, wenn aus Gründen der Bodenbeschaffenheit Kollektoren nicht zum Einsatz kommen können, kann auf Erdsonden zurückgegriffen werden. Die Bohrungen gehen bis zu 100 m tief und haben einen Durchmesser von 20 cm. In der Regel ist das Einbringen von mehreren Sonden erforderlich. In 100 m Tiefe herrscht eine konstante Durchschnittstemperatur von ca. 12 °C – unabhängig von der Jahreszeit. Zu beachten in der Gesamtenergiebilanz ist allerdings, dass eine Wärmepumpe zunächst Antriebsstrom aus einer dem Kreislauf externen Quelle benötigt.

8.3 Erdwärmekraftwerke

Erdwärmekraftwerke bedienen sich der so genannten Tiefengeothermie. Zur Erschließung dieser Energiereserven sind Bohrungen in Tiefen von 2000 m und mehr erforderlich. Wegen der damit verbundenen hohen Kosten kann dieses Verfahren jedoch nur bei sehr großen Projekten in Betracht kommen. Als Energieträger dient heiße Sole, die von unten nach oben gepumpt wird. Diese Sole erreicht Temperaturen von nahe 100 °C. Man kann diese Wärme nun für Fernbeheizung nutzen oder sie in elektrische Energie umwandeln. Im letzteren Fall benötigt man spezielle Turbinen, die durch ein Medium getrieben werden, welches einen niedrigen Siedepunkt besitzt.

Erdwärmekraftwerke können nicht an beliebigen Orten errichtet werden. Es gilt zunächst, ein geothermisches Reservoir ausfindig zu machen. Weiterhin müssen die Gesteinsschichten so beschaffen sein, dass wirtschaftliche Bohrungen möglich sind. In Deutschland findet man solche Schichten vorzugsweise in Alpennähe, beispielsweise den Malmkarst südlich von München. In dieser porösen Kalksteinschicht findet man heißes Grundwasser in Tiefen zwischen 2500 m und 4000 m

Wasserkraft 9

9.1 Einleitung

Es gibt zwei Methoden, Wasserkraft zur Erzeugung von elektrischem Strom zu nutzen:

- Einbringen von Turbinen in Staustufen in fließenden Gewässern
- Pumpspeicherkraftwerke.

Für die gegenwärtigen Betrachtungen der Energieversorgung spielen hier in Deutschland ganz besonders die Speicherkraftwerke eine Rolle. Speicherkraftwerke sind deshalb im Gespräch, weil sie in gebirgigen Gegenden gebaut werden sollen, um den an den Küsten über Windkraftanlagen erzeugten Strom in potenzielle Energie umzuwandeln. Dabei spielt der Stromtransport von Nord nach Süd natürlich die wichtigste Rolle. Zu berücksichtigen sind dabei allerdings die dabei auftretenden Leitungsverluste, die noch kurz erläutert werden sollen (Abschn. 11).

9.2 Speicherkraftwerke

In Speicherkraftwerken wird die potenzielle Energie des Wassers zur Stromerzeugung genutzt. Bei der Umwandlung potenzieller Energie in kinetischer spielt die Fallhöhe eine wesentliche Rolle. Im Gebirge können zu diesem Zweck Talsperren errichtet werden, die Wasser aus dem Zufluss eines oder mehrerer Fließgewässer aufstauen. In Hochgebirgen kann man auf diese Weise Anlagen erbauen, die aus

© Springer Fachmedien Wiesbaden 2015
W. Osterhage, *Die Energiewende: Potenziale bei der Energiegewinnung,*
essentials, DOI 10.1007/978-3-658-10245-6_9

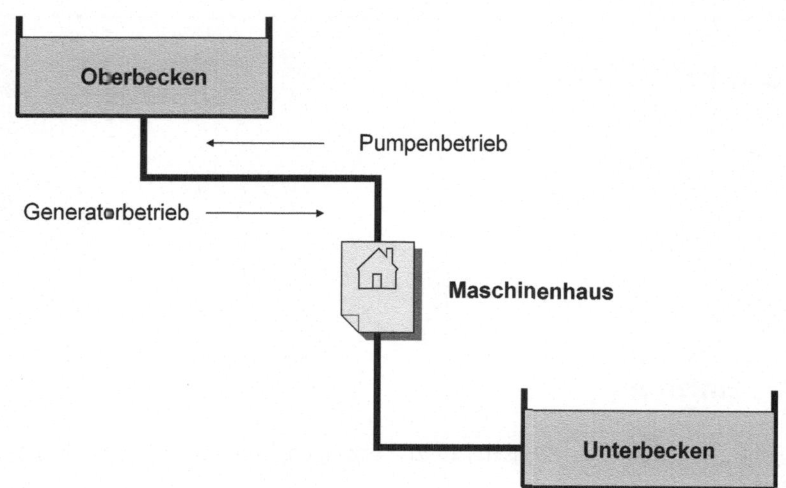

Abb. 9.1 Spe cherkraftwerk

mehreren Staustufen bestehen, wobei die Becken über Rohrleitungen miteinander verbunden werden und auf diese Weise Gesamtfallhöhen von mehreren hundert Metern bis zu 1 km erzielt werden können.

Dabei handelt es sich in einem solchen Fall um echte Großkraftwerke, die über entsprechende Turbinen und Stromgeneratoren Leistungen von mehreren tausend MW erbringen.

Bei den bereits angesprochenen Pumpspeicherkraftwerken handelt es sich um Energiepuffer, die zur Glättung des Energieverbrauchs eingesetzt werden. Zunächst wird die elektrische Energie, die aus anderen Quellen kommt (beispielsweise Windkraftwerken im flachen Norden) zum Antrieb von Pumpen genutzt, die Wasser aus einem unteren Becken in ein höher gelegenes Becken einspeisen (Abb. 9.1). Dadurch gewinnt das Wasser im oberen Becken potenzielle Energie. In Zeiten vor Lastspitzen kann diese potenzielle Energie wieder in kinetische zum Antrieb von Generatoren genutzt werden, in dem man das Wasser aus dem oberen Becken wieder in das untere strömen lässt.

Weitere Ansätze 10

An dieser Stelle soll noch auf zwei zukunftsweisende Vorhaben hingewiesen werden, die möglicherweise eines Tages zum Energiemix beitragen könnten:

- die Kernfusion und
- die Brennstoffzelle.

10.1 Kernfusion

In regelmäßigen Abständen tauchen immer wieder Berichte über die Nutzung der Kernfusion zur Energieumwandlung auf, so auch über das ITER-Projekt in Frankreich. Dann wird es wieder eine Weile still, obwohl die Arbeit daran im Hintergrund weitergeht. Mit der ISS und CERN hat ITER eines gemeinsam: Diese drei betreiben die teuersten Maschinen, die sich die Menschheit je ersonnen hat.

Seit dem Zünden der ersten Wasserstoffbombe weiß man, dass die theoretischen Voraussagen bewiesen sind: Bei Kernverschmelzung von Wasserstoffisotopen wird Bindungsenergie freigesetzt, die man so oder auch anders nutzen kann (s. Gl. 10.1–10.3):

$$H^2 + H^3 \rightarrow He^4 + {}_0n^1 + 17[MeV] \tag{10.1}$$

$$H^2 + H^2 \rightarrow He^3 + {}_0n^1 + 3[MeV] \tag{10.2}$$

$$H^2 + He^3 \rightarrow He^4 + {}_1p^1 + 18[MeV] \tag{10.3}$$

Die freigesetzte Energie bei der Fusion ist um Größenordnungen höher, als sie bei der Kernspaltung auftritt. Die technische Herausforderung bei einer kontrollierten

© Springer Fachmedien Wiesbaden 2015
W. Osterhage, *Die Energiewende: Potenziale bei der Energiegewinnung,*
essentials, DOI 10.1007/978-3-658-10245-6_10

kontinuierlichen Fusion sind allerdings so enorm, dass man bisher über extrem kurze Zeitspannen in Experimentiermaschinen nicht hinausgekommen ist (<0.5 s.). Einen Reaktor im eigentlichen Sinne des Wortes gab es bisher noch nicht, geschweige denn eine Basis für die kommerzielle Nutzung.

10.1.1 Herausforderungen

Ziel ist es also, die Energie, die durch eine kontrollierte Kernfusion frei wird, so abzuleiten, dass durch Wärmetausch Generatoren betrieben werden können, die elektrischen Strom erzeugen. Dieser Ansatz, der seit Anfang der fünfziger Jahre verfolgt wird, verspricht die Erschließung fast unermesslicher Energiequellen. Diese wären chemisch sauber bei Erzeugung von wenig Radioaktivität mit erheblich kürzerer Halbwertszeiten als bei konventionellen Kernkraftwerken. Von diesem Ziel ist man jedoch heute noch weit entfernt. Zunächst geht es immer noch um die Kontrolle von Kernfusion selbst.

Es gibt zwei wichtige Forschungsrichtungen, die sich mit praktikablen Fusionsmaschinen befassen:

- durch magnetischen Einschluss
- über Laser-Implosion.

ITER (International Tokamak Experimental Reaktor) folgt dem ersten Pfad. Die Herausforderungen bei dieser Methode sind:

- Einschluss eines 100 Mio. Grad heißen Plasmas über einen ausreichend langen Zeitraum um eine andauernde Fusion zu ermöglichen
- Entwicklung geeigneter Strukturmaterialien, den dem entstehenden Neutronenfluss solange standhalten, dass Komponenten nicht nach zu kurzen Operationszeiträumen ausgetauscht werden müssen
- Erzeugung eines Netto-Outputs an Energie, die also höher ist als eingesetzt werden muss, um den Reaktor zum Laufen zu bringen.

Bisher ist es nicht gelungen, ein stabiles Fusionsplasma länger als eine halbe Sekunde aufrecht zu erhalten. Dabei lag der Netto-Output immer noch weit unter dem Break-even-Punkt.

ITER ist ein Gemeinschaftsprojekt, an dem die EU zusammen mit den USA, Russland und anderen Staaten beteiligt ist. Das Gerät wird in Cadarache in Frankreich gebaut und soll erste Ergebnisse in etwa zehn Jahren liefern. Bis dahin werden mehr als die bisher veranschlagte Summe von etwa 10 Mrd. € verschlungen sein. ITER soll die erwähnten Probleme lösen helfen. Ein Reaktor wäre ITER aber dennoch nicht. Das soll erst durch die Folgemaschine DEMO – wie der Name sagt – demonstriert werden. Fusionsforschung bedeutet also Geduld und die Bereitschaft der Staatengemeinschaft, auch in Zukunft viel Geld zu investieren. Neben den technischen Problemen kann dieser Faktor eine ausschlaggebende Rolle für die Zukunft der Fusionstechnologie sein.

10.1.2 Technische Fragen

Ein Fusionsreaktor stellt – neben der Fusionsphysik selber – ganz andere Herausforderungen an die Konstrukteure. Dazu gehören z. B. Probleme der Materialbeständigkeit. Die beim Fusionsprozess freiwerdenden Neutronen beeinträchtigen die Wände des Reaktors. Hier ist man auf der Suche und Entwicklung von geeigneten Materialien, um die Austauschfrequenz spröder und poröser Strukturelement so niedrig wie möglich zu halten. Außerdem entstehen auch radioaktive Nebenprodukte in den Strukturmaterialien sowie als erbrütetes Tritium, die ein entsprechendes Handling und eine Entsorgung erfordern.

Was die Brennstoffverfügbarkeit betrifft, so ist das Deuterium in Wasserstoffverbindungen und in den Weltmeeren in großen Mengen vorhanden und relativ einfach zu gewinnen. Anders sieht es bei Tritium aus. Tritium zerfällt als β-Strahler mit einer Halbwertszeit von 12,4 Jahren und kommt im natürlichen Wasserstoff nur in geringen Spuren vor. Allerdings kann man es aus Lithium über die folgenden Reaktionen herstellen:

$$^6\mathrm{Li} + \mathrm{n} \rightarrow {}^4\mathrm{He} + \mathrm{T} + 4.78[\mathrm{MeV}] \tag{10.4}$$

$$^7\mathrm{Li} + \mathrm{n} \rightarrow {}^4\mathrm{He} + \mathrm{T} + \mathrm{n} - [2.47\,\mathrm{MeV}] \tag{10.5}$$

In der Abb. 10.1 sehen wir einen zukünftigen Fusionsreaktor dargestellt. Zentrales Element ist die Plasmakammer. Der Brennstoff (Deuterium, Tritium) wird in die Plasmakammer zur Fusion eingebracht. Die weitere Plasmaaufheizung geschieht durch die He-Ionen. Die bei der Fusionsreaktion entstehenden Neutronen schlagen auf die Reaktorwände auf. Dabei kann es zu weiteren Kernreaktionen kommen. Die bei der Fusion freiwerdende nukleare Bindungsenergie heizt ein Kühlmedium auf, welches seine Wärme anschließend in einem Wärmetauscher zur Dampferzeugung abgibt. Danach erfolgt die weitere Energieumwandlung ganz klassisch

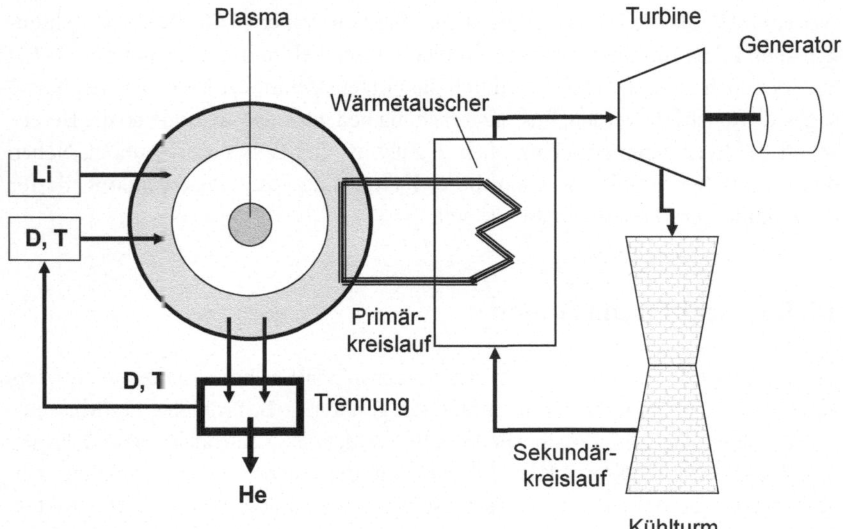

Abb. 10.1 Fusionsreaktor

durch Antrieb einer Turbine und eines angeschlossenen Generators. Als Verbrennungsrückstand verbleibt lediglich Helium – als Edelgas völlig harmlos für die Umwelt. Je nach Einschlussprinzip bewegen sich die Abmessungen von zukünftigen Fusionsreaktoren zwischen 10 und 45 m im Durchmesser.

10.2   Brennstoffzellen

Wie die Bezeichnung schon andeutet, handelt es bei der Brennstoffzelle um ein Verfahren, bei dem wiederum bestimmte Stoffe verbrannt werden, um eine Umwandlung in elektrische Energie zu erzielen. Als Brennstoffe können eingesetzt werden:

- Erdgas
- Biogas,

aber vorwiegend Wasserstoff. Auch Flüssigkeiten mit niedrigem Siedepunkt wie Alkohole können zur Anwendung kommen. Das Arbeitsprinzip einer Brennstoffzelle ähnelt dem einer Batterie (s. Abb. 10.2). Wir unterscheiden zwei Elektroden, Brennstoff und Sauerstoff sowie eine halbdurchlässige Trennmembran.

Abb. 10.2 Brennstoffzelle

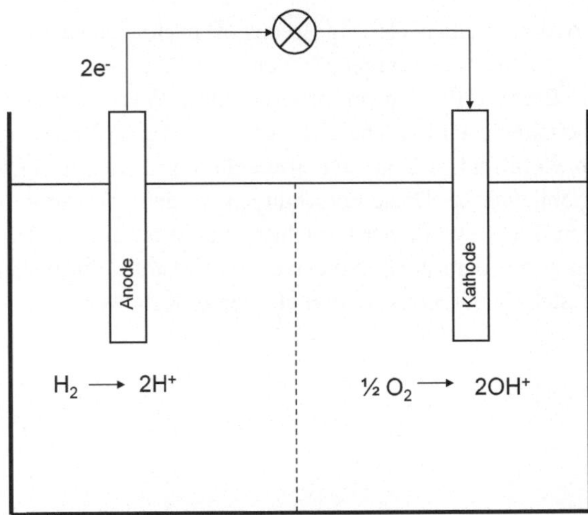

Die Verbrennungsreaktion besteht in der Verbindung von Wasserstoff und Sauerstoff zu Wasser (H_2O). Dabei wird chemische Bindungsenergie frei.

In einer Brennstoffzelle werden Wasserstoff und Sauerstoff durch den Einsatz von Katalysatoren zur Reaktion gebracht. Die Katalysatoren (Edelmetall) sind in den Elektroden untergebracht. Der Vorgang stellt sich wie folgt dar:

Der Katalysator an der Anode entnimmt vier Elektronen, sodass aus dem H_2 jeweils zwei positiv geladene Wasserstoffionen (Protonen) entstehen. Diese wandern durch die halbdurchlässige Membran in den Sauerstoffbereich. Gleichzeiten werden die dem Wasserstoff entnommenen Elektronen über die Kathode dem Sauerstoff zugeführt, der die Elektronen aufnimmt und somit mit den Wasserstoffionen zu Wasser reagiert. Die zugehörigen chemischen Gleichungen sehen so aus:

$$\text{Anode}: 2H_2 \rightarrow 4H^+ + 4e^- \tag{10.6}$$

$$\text{Kathode}: O_2 + 4H^+ + 4e^- \rightarrow 2H_2O \tag{10.7}$$

Zwischen Anode und Kathode fließt also ein elektrischer Strom. In diesen Stromkreis kann man jetzt einen elektrischen Verbraucher einbringen. Bisher realisierte Brennstoffzellen produzieren allerdings nur eine sehr geringe Spannung (< 1 V). Deshalb schaltet man viele Zellen zu so genannten Stacks zusammen. Mit der Zeit verbrauchen sich die Brennstoffe und damit die Zelle selber. Da man aber in einem kontinuierlichen Vorgang Brennstoff nachladen kann, funktionieren Brennstoffzellen ebenfalls kontinuierlich weiter.

Brennstoffzellen produzieren außer Wasser direkt keine Schadstoffe. Es gibt verschiedene mögliche Kleinstanwendungen für Brennstoffzellen, beispielsweise in Mobilfunkgeräten oder Hörgeräten. Ein wichtiges Forschungsgebiet sind Automobilantriebe. Diese Forschungen werden von Automobilherstellern vorangetrieben. Ein wesentlicher Gesichtspunkt ist dabei u. a. der Sicherheitsaspekt im Umgang mit dem hoch-explosiven Wasserstoff. Ein weiterer Forschungsgegenstand besteht in der Konstruktion effizienter Katalysatoren.

Schluss

Neben den rein technologischen und wirtschaftlichen Fragen gibt es eine Reihe von weiteren Kriterien, die bei der Auswahl bestimmter Verfahren berücksichtigt werden müssen. Dazu gehören:

- Versorgungssicherheit,
- technische Sicherheit,
- Verfügbarkeit,
- vorhandene Transportnetze,
- eventuelle Leitungsverluste bei der Übertragung über längere Entfernungen.

Zum letzten Punkt ist zu sagen: Bei der Übertragung durch Stromnetze, z. B. von den Küstenregionen, wo Windkraftwerke stehen, zu Speicherkraftwerken in den bayrischen Alpen, entstehen entlang der Trassen Leitungsverluste. Sie sind abhängig von:

- der Übertragungslänge,
- dem Querschnitt der Leitungen,
- dem Leiterstrom,
- der Außentemperatur,
- der Anfangsspannung und
- dem Leitungswiderstand

© Springer Fachmedien Wiesbaden 2015
W. Osterhage, *Die Energiewende: Potenziale bei der Energiegewinnung,*
essentials, DOI 10.1007/978-3-658-10245-6_11

Die Übertragungsverluste betragen etwa 6 % je 100 km bei einer 110-kV-Leitung und lassen sich mit 800 kV Höchstspannungsleitungen auf etwa 0,5 % je 100 km reduzieren.

Weitere Kriterien sind:

- Speichermöglichkeiten,
- Brennstoffverfügbarkeit,
- Sauberkeit (Gesamtbilanz).

Was Sie aus diesem Essential mitnehmen können

- Überblick über die wichtigsten technischen Faktoren der Energiedebatte
- Verständnis für die unterschiedlichen Verfahrenstechnologien der Energieumwandlung
- mögliche Komponenten eines realistischen Energiemixes

© Springer Fachmedien Wiesbaden 2015
W. Osterhage, *Die Energiewende: Potenziale bei der Energiegewinnung*,
essentials, DOI 10.1007/978-3-658-10245-6

Literatur

Baehr, Hans Dieter. 2005. *Thermodynamik: Grundlagen und technische Anwendungen*. Heidelberg: Springer.
Osterhage, Wolfgang. 2013. *Studium Generale Physik*. Heidelberg: Springer.

© Springer Fachmedien Wiesbaden 2015
W. Osterhage, *Die Energiewende: Potenziale bei der Energiegewinnung,*
essentials, DOI 10.1007/978-3-658-10245-6